mes premières

FRISES

• Adèle Combes •

L'apparition de la vie

FLEURUS

LES DÉBUTS DE LA VIE

Quand la Terre s'est formée, aucune vie n'existait dans l'eau, sur la terre ferme ou dans les airs. Bien longtemps après, de minuscules algues bleues sont apparues dans les eaux chaudes. Puis les premiers animaux sans os et sans coquille ont conquis les mers...

3,8 milliards d'années : la première forme de vie est une cellule toute simple.

2,1 milliards d'années : les êtres vivants ont un corps formé de plusieurs cellules.

700 millions d'années : les terres forment un seul continent.

600 millions d'années : de nombreux animaux apparaissent, la vie explose

LA VIE ARRIVE SUR LA TERRE FERME

Des millions d'années après, avec l'arrivée des poissons, requins et reptiles marins, l a vie grouille dans les mers. Peu à peu, elle s'installe aussi sur la terre, avec des plantes et des insectes. Et puis, un jour, des am phibiens et des reptiles sortent de l'eau…

75 millions d'années : des lantes sans fleur, comme ette fougère, apparaissent.

360 millions d'années : des animaux sortent de l'eau et rampent sur la terre ferme.

350 millions d'année : l'œuf entouré d'une enveloppe solide a permis de vivre totalement sur la terre.

252 millions d'années : 90 % des espèces (presque toutes !) disparaissent.

LE RÈGNE DES DINOSAURES

Le climat est plus chaud et humide. De nombreux reptiles envahissent alors les terres, les mers et les airs. Pendant très longtemps (170 millions d'années !), ces dinosaures vont régner en maîtres sur la planète, effrayant nos ancêtres les mammifères.

243 millions d'années : c'est l'âge du premier dinosaure.

Beaucoup de dinosaures avaient des plumes, mais ils ne pouvaient pas voler.

225 millions d'années : voici Adelobasileus, l'ancêtre des mammifères.

150 millions d'années : de féroces pliosaures et plésiosaures hantent les mers.

LA NATURE PREND DES COULEURS

Partout, les plantes à fleurs apportent de la couleur et les abeilles viennent les butiner. C'est une période riche : de nombreuses espèces de dinosaures apparaissent, comme le féroce Tyrannosaure. Les reptiles, les oiseaux et les mammifères se multiplient.

12 millions d'années : ce crocodile, e plus grand ayant existé, mesurait jusqu'à 15 mètres de long.

110-100 millions d'années : les abeilles butinent les fleurs et transportent leurs grains de pollen.

70 millions d'années : Therizinosaurus était un géant aux griffes de 30 centimètres.

Quelques dinosaures étaient adaptés au froid : des dinosaures polaires !

DISPARITION DES DINOSAURES... ET DES AUTRES !

Il y a 65 millions d'années, des catastrophes bouleversent la planète. Les dinosaures disparaissent alors brusquement. Mais ce ne sont pas les seuls : la plupart des êtres vivants meurent. Survivent quelques mammifères, grenouilles, poissons, crocodiles... et des oiseaux !

Sans lumière, les plantes meurent. Les animaux herbivores n'ont alors plus rien à manger.

Les dinosaures n'ont pas entièrement disparu : il reste leurs descendants, les oiseaux.

Les mammifères de petite taille ont survécu.

65 millions d'années : *Purgatorius* est l'ancêtre des primates, et donc des humains !

LE TRIOMPHE DES MAMMIFÈRES

Après la disparition des dinosaures, les mammifères se multiplient. Les ancêtres du cheval, du cochon, de l'éléphant ou de la baleine, évoluent près de tigres à dents de sabre, serpents géants, oiseaux griffus et mammifères marins aux pattes palmées...

50 millions d'années : avec plusieurs continents, la Terre ressemble à celle d'aujourd'hui.

50 millions d'années : Gastornis est un oiseau géant et dangereux !

50 millions d'années : cet animal à quatre pattes est l'ancêtre de la baleine.

23 millions d'années : Proconsul est l'ancêtre commun de l'homme et des grands singes.

Illustrations : Adèle Combes
Conseiller scientifique : Romain Pigeaud
Textes et édition : Danielle Védrinelle
Direction éditoriale : Guillaume Pô
Direction artistique : Armelle Riva
Conception et mise en page : Florie Cadilhac
Fabrication : Axelle Hosten et Thierry Dubus

Dépôt légal : septembre 2016
ISBN : 9782215157519
Code MDS : 592325
N° d'édition : J16106
1re édition

Achevé d'imprimer en juillet 2016 sur les presses de l'imprimerie Toppan Leefung (Chine).

Loi n° 49-956 du 16 juillet 1949 sur les publications destinées à la jeunesse.

ET L'HOMME ARRIVA...

Bien longtemps plus tard, sur le continent africain, apparaissent les premiers humains. Très vite, ils apprennent à faire du feu, construisent des abris pour se protéger du froid et des animaux sauvages, fabriquent des outils et peignent sur les parois des grottes.

7 millions d'années : Toumaï vivait en Afrique.

40 000 ans : l'homme commence à créer des œuvres d'art.

10 000 ans : le *Megatherium*, un paresseux géant de la taille d'un éléphant, disparaît.

3 300 ans : avec la naissance de l'écriture, l'homme rentre dans l'Histoire.